1　はじめに — アレシボ望遠鏡の

2020 年 12 月 1 日午前 7 時 54 分（現地時間），ア … ールト
リコのアレシボ望遠鏡が崩落した[*1]．アレシボ望遠鏡に … ネル大学とアメリカ空軍により建設され，全米科学財団 (NSF) により運営されていた，世界最大規模の電波望遠鏡である．1963 年に完成したカルスト地形を利用した口径 305 m（1000 フィート）の球面反射鏡であり，単体では世界最大だった[*2]．電波望遠鏡は口径を大きくすることで分解能と集光力が上げられる．分解能は，遠く離れた電波望遠鏡同士を干渉させることで高めることができるが，集光力は受光する面積が大きく影響する．この点で，アレシボ望遠鏡は他の電波望遠鏡と比べて，群を抜く集光力を持っていた．

アレシボ望遠鏡は 1 m × 2 m のアルミニウムパネル約 4 万枚を球面に貼り付けている．巨大であるが故に反射鏡の向きを変えることができない．その代わりに 3 本のマストで高さ 150 m の位置に受信機が吊り下げられており，受信機を移動させることで観測領域を変更できる．

ハリケーンが通過しやすい地域であるため，望遠鏡の維持に予算がかかっていたが，2006 年頃から NSF が資金援助を減らし始めていた．さらに 2020 年 8 月と 11 月にマストのケーブルが断線したことから，吊り下げられた受信機を支持する構造の安全性が問題となった．また，断線したケーブルが落下して反射鏡の一部を破損した．そこで NSF は 2020 年 11 月に，望遠鏡を修理することではなく廃止することが安全であると考え，計画的に解体することとした．ところが解体を実行する前に受信機が反射鏡に落下してしまった．

アレシボ望遠鏡で発見したこととしては，水星の自転周期の発見，かにパルサーの周期の発見，重力波放出により公転周期が徐々に短くなる連星パルサーの発見などがある．だが観測ではなく逆に宇宙に向けて電波を発信したことがある．1974 年にアレシボ望遠鏡の改装記念式典において，アレシボメッセージと名付けられたメッセージを球状星団 M13 に向けて送っている[*3]．数字や原子，DNA，人類や太陽系などの情報を含めた 1679 ビットのメッセージを送信したのだが，M13 に届いて返信がなされたとしても約 5 万年かかるので，実際に交信を試みたとはいいがたい．

一方でアレシボ望遠鏡で受信した電波を解析し，知的生命体から発信したと思われる信号を検出するプロジェクトも進められた．アレシボ望遠鏡の崩壊以前にこのプロジェクトは終わっているが，知的生命体を探す様々なプロジェクトがなされている．本書では知的生命体を探そうという人類の営みを紹介する．

[*1] https://www.nsf.gov/news/special_reports/arecibo/index.jsp
崩落の瞬間を動画で見ることができる．

[*2] 2016 年に中国に口径 500 m の球面電波望遠鏡 (FAST) が完成している．

[*3] https://www.seti.org/seti-institute/project/details/arecibo-message

2　草創期の研究

地球外知的生命体を探そうと言い出したのは誰だろうか．それは電気工学で多大な業績を残したニコラ・テスラ（1856～1943 年）といわれている．彼は地球規模の無線送電システムという壮大な構想を描いていたが，その実験中の 1899 年，不思議な信号を捉えた．火星が地平線から沈むと，奇妙に繰り返される信号が途絶えたので，彼は火星からの信号を検出したと思った[*4]．また，長距離無線通信を行ったマルコーニ（1874～1937 年）も，1900 年に同様の信号を拾ったとしている．

ところで，火星は太陽系の中でも離心率の大きい（円からのズレが大きい）楕円軌道を描いて公転している．このため，約 2 年 2 ヶ月ごとに地球と火星が衝の関係（太陽-地球-火星の順に一直線に並ぶ）になるが，衝の関係の時の地球と火星の間の距離にばらつきが生じる[*5]．1924 年 8 月 21 日から 23 日は，その後 80 年間の間と比べて地球と火星が最も近い衝の関係にある時であった．アメリカではこの期間の 36 時間に「全国ラジオ沈黙の日」が推進され，全てのラジオが毎時 5 分間放送を停止した．この間に海軍天文台は火星からの電波を受信し，メッセージが埋もれていないか探索した．残念ながらメッセージは見つからなかった．

3　火星の運河 ― 幻の人工物

さて，そもそも火星に狙いを定めたきっかけは何だろうか．地球から最も近い天体は月であり，その次は金星である[*6]．火星は，上記の衝の時には水星よりも地球から近くなる[*7]．

火星に知的生命体が存在するのではないかと注目されたのは，19 世紀後半の観測による．ミラノ天文台長ジョヴァンニ・スキアパレッリ（1835～1910 年）は，1877 年に火星が衝の位置にあり大接近するときに合わせて，観測を行った[*8]．この時，火星の表面全体に線状の模様を発見した．観測結果を発表する際，彼はこの線をイタリア語で **canali（溝，水路）** と記したところ，英訳される際に **canals（運河）** と翻訳されたことで，彼が発見した溝は人工物であるという説が生まれた[*9]．また，この時期の大規模な土木工事と

[*4] 現在では木星の磁気圏で発生した信号を拾ったのではないかと考えられている．

[*5] 紀元以後では 2003 年が一番近かった．

[*6] 金星については 1920 年代に大気中にほとんど水が存在しないことが判明し，1960 年代には旧ソ連の探査機の度重なる着陸失敗やその後の執念による着陸探査により，大気が極めて高温高圧であることが判明している．

[*7] 太陽-金星-地球が一直線に並ぶ内合の時，地球と金星の距離は約 4200 万 km，地球と火星が衝の時には地球と火星の距離は約 5900 万 km になる．

[*8] なお，ジョヴァンニ・スキアパレッリの姪のエルザ・スキャパレッリはファッションデザイナーとしてブランド「スキャパレリ」の創始者となった．一時閉店したが現在は再開している．さらに彼女のもとでピエール・カルダン，ジバンシィが修行していた．

[*9] イタリア語辞典で canali を引くと，溝の他に運河という意味も出てくるので，あながち間違いではない．

して，スエズ運河が 1869 年に完成している．パナマ運河もフランス主導で 1880 年に工事を開始している（この計画は失敗し，後にアメリカにより工事がなされ完成する）．地球上で運河を建設しているのだから，知的生命体が存在する火星でも同様のことがなされていても不思議ではないと期待されたわけである．

この説を強く主張した天文学者の一人が，パーシヴァル・ローウェル（1855〜1916 年）である．私財を投じて天文台を建設し，火星の観測と研究に打ち込んだ．彼は幾何学的な運河を描いた観測結果を多数残している*10．

火星には極地方に極冠とよばれるドライアイスで覆われた白い地域がある．火星の自転軸も地球の自転軸と同様に傾いているため，季節がある．夏になると極冠が縮小するが，この時期に火星を観測していると火星の赤道地方の色が変わっていくように見えた．そこで知的生命体による運河であるということが信じられるようになった．

ところが，火星の「海」とされる地域は高さが一様ではなく凸凹があることが観測から明らかになってきた．また，分光観測から火星の大気には水も酸素もほとんどないことがわかってきた．火星の大気圧も，地球の大気圧の約 100 分の 1 ということが判明している．

結局，観測の精度が上がったことが決着をつけることとなった．また，19 世紀末の観測は天文学者によるスケッチで記録されたが，20 世紀に入り写真が普及した．1909 年の火星の衝の際に，パリ天文台ムードン観測所の口径 83 cm の反射望遠鏡で観測したが運河は見られず，他の観測でも運河が見られなかった．

最終的にはアメリカが探査機マリナー 4 号を 1965 年に火星に送り込み，不毛な風景であること，大気が極めて薄いことなどを明らかにして完全に否定された．その後，1976 年に探査機バイキング 1 号により撮影された火星の「人面岩」も，1996 年のマーズ・グローバル・サーベイヤーによる再観測により，錯覚であったことが確かめられている．

SF 小説に現れるような「火星人」の存在は否定されているが，地中には液体の水が残っており，微生物が存在するかもしれないという期待はある．そこで現在もなお，火星の地中での生命探査は行われている．詳細は他の資料をあたっていただくこととして，本書では割愛する．

4　SETI の草創期

現代的な地球外知的生命体探査 (Search for extraterrestrial intelligence, SETI) のきっかけとなったのは，1959 年に物理学者コッコーニ（1914〜2008 年）とモリソン（1915〜2005 年）がネイチャーに掲載した論文である [1]．この論文で彼らは，知的生命体の星間通信は電磁波で行われ，特に超低短波での通信がなされる可能性が高いことを，定量的に論じている．さて中性水素原子の中で，陽子と電子のスピンの向きが揃っているか異なるかでエネルギーの異なる準位（超微細構造）が存在するが，このエネルギー状態の変化

*10 もちろん後になって全否定される．彼の最大の業績は最晩年に未知の惑星の存在を計算により予想したことで，その予想に従って 1930 年にローウェル天文台において冥王星が発見されている．冥王星の名や記号には，ローウェルのイニシャルが隠されている．

によって放射される電磁波の波長がおよそ 21 cm である．宇宙で最もありふれた波長であるとして，特に 21 cm の波長の電磁波に注目すべきであると論じている[*11]．そして太陽と類似した恒星の周囲に文明が存在する可能性があるとして，地球から近い幾つかの恒星を候補として挙げている．挙げられているのはくじら座タウ星（距離 11.9 光年，2012 年に惑星の存在が確認された），エリダヌス座イプシロン星（距離 10.5 光年，1998 年に塵の円盤の存在，2000 年に惑星の存在が確認された），エリダヌス座オミクロン 2 星（距離 16.4 光年，三重連星であり伴星の B 星は 1910 年に史上初めて発見された白色矮星である），ケンタウルス座アルファ星（距離 4.3 光年，太陽以外で地球から最も近い恒星系である），へびつかい座 70 番星（距離 16.6 光年，19 世紀に惑星の存在が主張された），はくちょう座 61 番星（距離 11.4 光年，1838 年にベッセルにより史上初めて距離が測定された恒星である）と，天文学上重要な恒星ばかりである．さらに，地球外に文明社会が存在すれば，我々はすでに彼らと通信する技術を持っているとし，信号の識別には多大な努力が必要だけれどやらなければ確率はゼロだからやってみるべきと主張している．コッコーニは CERN の陽子シンクロトロングループのリーダー，モリソンはマンハッタン計画で原子炉や爆縮レンズの開発に従事し，その後反戦活動に転じた，いずれも著名な研究者だったためか，地球外文明の探査に大きな影響を及ぼした．

1960 年には地球外知的生命体探査の初めての取り組みとして，**オズマ計画**がアメリカ国立電波天文台 (NRAO) で始められた．コッコーニとモリソンの論文で挙げられた恒星のうち，くじら座タウ星（距離 11.9 光年）とエリダヌス座イプシロン星（距離 10.5 光年）を候補としてオズマ計画では観測がなされた．論文に従って 21 cm の波長を用いて 1 日 6 時間，1960 年 4 月から 7 月まで 400 kHz の帯域幅を観測し続けた．観測データに，自然科学の基本である素数の列や知的生命体が発信したと思われるメッセージが存在しないか，天文学者たちは調査した[*12]．結果として秘密の軍事演習によって生じた偽のアラーム以外，意味のある情報は見いだされなかったが，その後の体型的な調査の基本となった．

5 電波観測による探査

1971 年，NASA は**サイクロプス計画**という，最大 1000 光年の範囲で地球外知的生命体の電波信号を探索する計画を考えた [2]．だが，予算が 100 億ドルになるなどの問題から計画段階で中止された．

1977 年 8 月 15 日に，オハイオ州立大学の SETI 計画で使用していたビッグイヤー電波望遠鏡で，不思議な信号が受信された[*13]．いて座の方向から，10 kHz に満たない狭い

*11 21 cm の波長の電磁波は，周波数で表すとおよそ 1.42 GHz である．水素原子を含む天体から放出されるために天文学では極めて重要な波長であり，国際条約により通信などの目的での利用が禁じられている．

*12 https://www.seti.org/seti-institute/project/details/early-seti-project-ozma-arecibo-message

*13 https://artsandsciences.osu.edu/news/did-ohio-state-really-detect-alien-signal-0

周波数に集中した強い信号が 72 秒間にわたって観測された．観測したジェリー・R・エーマンが驚いてプリントアウトした表に“Wow!”と書き加えたので，**Wow! signal（ワオ！ シグナル）**とよばれている．この方向について再観測がなされたが，信号が検出されず起源は謎のままである．

1985 年に地球外知的生命体の発見を目的とした SETI 研究所 (SETI Institute) がカリフォルニア州に設立された[*14]．天文学的調査を除いて，運営費用は全て民間からの寄付により賄われており，100 名以上の研究者が研究に従事している．現在，マイクロソフトの共同創業者であるポール・アレンの支援のもと，複数の電波望遠鏡を組み合わせて知的生命体探査を行う，アレン・テレスコープ・アレイを運用している[*15]．

後述の SETI@home を運用したカリフォルニア大学バークレー校では，2009 年にアレシボ望遠鏡に SERENDIP と名づけられた分光計を取り付けて探査を行なったが，知的生命体からのメッセージと思われる信号を受け取ることはできなかった．

カリフォルニア大学ロサンゼルス校では，系外惑星を探査するケプラー探査機で観測された領域を対象とした探査を進めた [3]．アレシボ望遠鏡よりも感度の高い探査を行なったが，知的生命体のメッセージと思われる信号は見つからなかった．

6　可視光などの観測による探査

地球外知的生命体は電波を使ったメッセージの発信をしていると考える天文学者は多いが，可視光の可能性も考えられている．1961 年にシュワルツとタウンズによる論文で，レーザー光を用いた星間通信の可能性が議論されている [4]．電波とは異なり，レーザーは一つの周波数でのみ発せられるので，探査が難しい．また，レーザーは指向性が高いので，地球外知的生命体が発射しても，それが地球に向いているとは限らない．だが，1983 年にタウンズが再び詳細な論文を公開したことから，探査方法として検討されるようになった [5]．

ハーバード大学とスミソニアン協会のグループは，口径 155 cm の光学望遠鏡を用いて 1998 年から 1999 年に 2500 の星を対象に調査した．この時には有意な信号は得られなかったが，現在はプリンストン大学のグループとも組んで口径 91 cm の光学望遠鏡を用いた調査を行なっている．また，ハーバード大学とスミソニアン協会のグループの主要メンバーであるホロウィッツは，オークリッジ天文台に新しい調査用の口径 1.8 m の望遠鏡を設置している．

日本でも兵庫県立西はりま天文台のなゆた望遠鏡（口径 2 cm）を用いて，2005 年からレーザー光検出を目的とした探査がなされている．

また，高度に発展した宇宙文明では，地球における太陽光発電のような技術を極限まで推し進めた技術を用いているのではないかと，物理学者ダイソン（1923〜2020 年）は考えた．恒星を球殻で覆ってしまい，恒星が発生させる放射エネルギーを全て利用するとい

[*14] `https://www.seti.org/`

[*15] `https://www.seti.org/ata`

うものである．この構造物は**ダイソン球**と名付けられている[*16]．この時，構造物がエネルギーを受け続けると様々な問題を起こすことから，赤外線などで外部に熱を放出しているのではないかと考えられた．そこで不自然な赤外線放出を探査することで，高度な地球外文明を探査しようという構想も存在し，実際に検証がなされている [6].

7 誤認された信号 — 新たな特異天体の発見

1960 年代に，ペガスス座の方向で強い電波を発している謎の天体が見つかった．電波源と対応する方向を光学望遠鏡で観測すると，恒星のように点状に見える．さらに分光してみると，奇妙なスペクトルが見られる．地球外知的生命体が発した信号ではないかと考えられたが，実は今ではクエーサーとして知られる天体の発見であった (CTA-102/3C48) [7]．今では通常の銀河とは異なる，中心付近からエネルギーの大半が放出される活動銀河として，天文学では積極的に研究がなされている．

1967 年，ケンブリッジ大学の大学院生だったジョスリン・ベル（1940 年〜）は電波望遠鏡の観測データの中に，非常に早く規則的に変化する信号を見つけた [8].「宇宙の灯台」からの信号のようにも思えたこの電波源には，緑の小人 (Little Green Man) を意味する LGM-1 という名が付けられたが，高速で自転する中性子星 PSR B1919+21 が電波源であることがわかった．現在ではパルサーとして知られる天体の最初の発見となった [*17].

8 SETI@home — 全世界での分散処理による探査

1999 年 5 月，カリフォルニア大学バークレー校で画期的な方法による地球外知的生命体探査が始まった．従来は観測データを天文学者たちが解析していたのだが，ボランティアによる分散処理によって解析しようというプロジェクトである[*18]．このプロジェクトは **SETI@home** と名付けられた[*19]．地球外知的生命体を探すという，見つけても金銭的な利益をもたらすものではなく，「共同発見者の一人」として名誉が後世に残るだけのものだったが，世界中で 500 万人以上が参加した．ボランティアによる分散処理の実行可能性や実用性を証明する画期的なものとなった．これらの分散処理の性能は，当時世界最速のスーパーコンピューターの性能を 10 倍以上，上回るものであった．

SETI@home で行っている処理の概略は以下の通りである [9, 10]．アレシボ望遠鏡で

[*16] ダイソン自身は星を囲む球 (sphere) はなく，星を囲んだ生物圏 (biosphere) を考えていたらしい.

[*17] パルサーの発見に対し，1974 年のノーベル物理学賞は指導教員のヒューイッシュと，電波天文学の先駆的研究で業績を挙げたライルの 2 名に贈られた．ベルが漏れたことについては多くの天文学者が異議を唱えている．この話は非常に奥が深いので，詳細は別の文献を当たっていただきたい.

[*18] 分散処理のプロジェクトは，メルセンヌ素数を探す GIMP が 1996 年に，暗号鍵解読の distributed.net が 1997 年に始まっている.

[*19] `https://setiathome.berkeley.edu/`

の観測データを周波数帯，時間ごとに細切れにして，SETI@home のホストから参加者に送信する．参加者は手元のコンピュータでソフトウェアを使って解析し，結果を返信する．この解析ではノイズではない特徴的な信号の有無を調査する．もちろん誤処理や悪意ある結果の改竄を防ぐように，解析はコンピュータの負荷が大きくない時になされ，スクリーンセーバーとしても動作するものであった．

データは 2.5 日間で 2 テラバイト記録され，参加者には一度に 350 キロバイトずつ配布されていたが，あまりに参加者が多すぎてデータの供給が追いつかず，同じデータを複数回配布することもあった．もちろんダブルチェックの意味もあるのだろうが，主催者にとっては予想外だったらしい．

2004 年には BOINC プラットフォームという，分散処理のプラットフォーム上で動作するアプリケーションに置き換えられた[*20]．このことにより，参加者は他の科学分野の分散処理プロジェクトも同時並行で進めることができるようになった．また，地球外知的生命体だけでなく，未知の天文現象を検出する計画も SETI@home の中で同時に進められた．

SETI@home は 2020 年 3 月 31 日に新規のデータ配布を停止し，2020 年のうちに全ての処理を終えている．だが，今後新たに天文学分野での解析が必要になった場合には，アナウンスして協力を呼びかけるとしている．

SETI@home では容易には説明できないスパイク状の信号を確認したものの，地球外知的生命体からの信号は得られなかった．だが，このような科学的な分散処理プロジェクトが，例えば 2020 年から進められている新型コロナウイルスへの対処に関する研究にも役立てられていることを考えると，プロジェクトの意義は非常に大きいといえるだろう．

9　ブレイクスルー・イニシアチブ ― 21 世紀の総合プロジェクト

2015 年 7 月，ロシアの投資家ユーリ・ミルナーが資金提供し，イギリスの王立協会がブレイクスルー・イニシアチブを発表した[*21]．大規模な国際協力により地球外知的生命を探査しようというプロジェクトの目的を記した公開書簡には，世界中の名だたる科学者，著名人が署名を行っている[*22]．プロジェクトは地球外生命探査を活性化させることを目的としており，複数の活動がなされている．

ミルナーは旧ソ連で素粒子物理学を専攻し，その後ソ連崩壊後にペンシルベニア大学で MBA を取得している．その後，金融業界で活躍して資産を築いた後，フェイスブックなど IT 技術関係の企業に投資している．基礎科学分野への投資にも熱心であり，2012 年にブレイクスルー賞を設立した．基礎物理学，生命科学，数学の 3 分野に授与されるもの

---

*20 `https://boinc.berkeley.edu/`

*21 `https://breakthroughinitiatives.org/`

*22 `https://breakthroughinitiatives.org/arewealone`
ドレイク，ホーキング，ワインバーグ，ウィッテンなどの天文学者，物理学者の他，iPS 細胞を開発した山中伸弥，歌手のサラ・ブライトマンなども署名を行っている．

で，賞金は 300 万ドルとノーベル賞よりも高額である．

さて，ブレイクスルー・イニシアチブでは五つの計画が進められている．

- リッスン：地球に近い 100 万個の星の調査，そして我々に近い 100 個の銀河からのメッセージを聞く．従来の調査よりも広視野，高感度の電波観測，ケンタウルス座アルファ星から放出された 100 ワットのレーザーをも検出できる可視光の観測を行う．2016 年 1 月に開始され，10 年間継続予定である．1 億ドルの予算が用意されている．
- ウォッチ：地球から 20 光年以内にある恒星の周りで，地球サイズの岩石惑星を探査する．チリにある超大型望遠鏡 VLT で，2019 年 5 月 21 日にファーストライト（最初の観測）がなされた．
- スターショット：光を受ける帆を取り付けた小型探査機にレーザー光を照射し，光速の 20% まで加速してケンタウルス座アルファ星に 20 年で到達させる．そして発見された惑星プロキシマ B や他の惑星の画像，磁場などの科学データを地球に送信する．2017 年 6 月 23 日に 3.5 cm 四方，4 g の多数のプロトタイプが打ち上げられた．
- メッセージ：もし地球外の文明が見つかった時に，地球からどのようなメッセージを送るべきかを考える．最高のメッセージに対して賞金 100 万ドルが用意されたコンテストが実施されている[*23]．
- エンケラドゥス：土星の第 2 衛星であるエンケラドゥスに生命が存在するかどうか評価する．2018 年 9 月 13 日，NASA とブレイクスルー賞財団とがパートナーシップを締結した．厚さ 2〜5km の氷を貫通するレーダーを使用し，その下の海での微生物を調査する．

このほかにも宇宙における生命体と，宇宙探査の斬新なアイディアに焦点を当てた年次総会を開催している．

技術的に最も困難だが最も興味深いものは，スターショットと思われる．燃料を用いるロケットや電気推進と比べて推力が小さいが，探査機自身に搭載する燃料を消費せずに加速できるという点で，光を帆に受ける技術は優れている．2010 年には JAXA の実証機 IKAROS において太陽の光を受けた太陽帆航行が実証されている[*24]．この技術を応用してレーザーで探査機を加速しようという計画である．技術開発に 20 年かかると推測され，遠い未来の話のように思える．

リッスンは従来の SETI の延長である．広い範囲で探査を行うという点では今までよりも発見の可能性が期待できる．アメリカのグリーンバンク天文台，オーストラリアのパークス天文台による電波観測，およびアメリカのリック天文台に設置された自動惑星検出望遠鏡による可視光観測を併用する．さらに 2019 年 10 月には，NASA のトランジット系外惑星探索衛星のチームと協力し，この衛星で発見された 1000 以上の惑星についても調査がなされている．観測データの一部は SETI@home によって解析された．

[*23] この件の問題については最終章で述べる．

[*24] https://www.isas.jaxa.jp/missions/spacecraft/current/ikaros.html

10　フェルミのパラドックス

それではなぜ我々は地球外知的生命体と出会うことができないのだろうか．後の 11 章で挙げるドレイク方程式で推定される確率が低すぎるのだろうか．それとも人類がペットを観察するように，極めて高度な知的生命体が人類を観察していて，痕跡を見せないだけなのだろうか．

地球外文明の存在の可能性が低くないのに，そのような文明と接触しないという矛盾は**フェルミのパラドックス**と名付けられている．実はフェルミ（1901～1954 年）よりも前に「宇宙旅行の父」とよばれるロシアのツィオルコフスキー（1857～1935 年）がこれを論じている [11]．彼は宇宙旅行について考えており地球外知的生命体についても存在の可能性を考えていたため，現在では「動物園仮説」として知られる提案を行った．この仮説は地球外知的生命体の文明が高度であり，人類はそれらに連絡する準備ができていないと考えているとした．ツィオルコフスキーは地球外知的生命体の存在を否定する人たちへの反論として上記の仮説を提唱したらしく，パラドックスを最初に提唱したわけではないらしい．それ以前の議論は不詳である．

フェルミの名で知られるようになったのは，実際の調査が困難な量を，いくつかの推論に基づき概算する方法である**フェルミ推定**が広く知られたからと思われる．フェルミが 1950 年にエドワード・テラー（1908～2003 年,「水爆の父」とよばれる）ら同僚と昼食を摂りながら話したことがきっかけとされている．その後，1975 年にハート（1932 年～）によりなぜ遭遇しないのかという説に対する強力な反論を含めて，詳細な議論がなされている [12]．このため，フェルミ・ハートのパラドックスともよばれる．

ハートの主張に注目する．ハートは論文の中で，フェルミのパラドックスに関する説明を以下の四つのカテゴリーに分類している．

1. 物理的，天文学的，生物学的，または工学的な問題で宇宙旅行が不可能になるため，地球外の訪問者が地球に到着したことがない（物理的説明）．
2. 地球外知的生命体が地球に到着しないことを選択したために到着していない（社会学的説明）．
3. 高度な文明が最近発生したため，我々を訪問する能力と意欲があるが，まだ我々に到達していない（時間的説明）．
4. 現時点では観測されていないが，地球外知的生命体が過去に地球に訪問したことがある．

そして各々について徹底的な反論をしている．

「物理的説明」については，当時は（現在も）人類を月へ送り込む技術が達成した時点であり，恒星間の距離が非常に遠いことがネックであると考えられた．到着までに知的生命体の寿命が尽きてしまうというわけである．これに対し，医学的に「仮死状態」にして代謝を遅らせて若いまま移動させる方法や，そもそも知的生命体の寿命が長い可能性，相対論的効果で宇宙船の時間を遅らせる可能性，宇宙船がロボットである可能性，数世代にわたって移動させる可能性を論じている．また，移動のエネルギーについては原子力エネルギーの利用を挙げている．ただし，宇宙線の影響（周囲との相対速度が速くなるので，様々な星間物質が宇宙線となって宇宙船を貫く)，流星などとの衝突，長期間での無重力の影響が危険かもしれないともしているがこれらは楽観視している．

「社会学的説明」はさらに細分化される．地球外知的生命体は宇宙探査に興味がないということや，原子力エネルギーを発見して自己破壊してしまう，あるいは地球を保護地域にしてしまう動物園仮説である．そしてこれらに共通する弱点を述べている．ある星（論文ではベガとしている）の知的生命体がある時点（論文中では紀元前 600 年）に訪問していなくても，翌年には興味が湧くかもしれない．あるいは彼らが厳格に考えを変えなくても，他の星から来ない理由は説明できない．よって宇宙探査に興味がないという説は妥当ではないとする．そして他の仮説についても同様に不十分であるとしている．また，社会学的説明の妥当性をテストする科学的な方法が提案されていないため，社会学的説明を受け入れることは，我々の地球外知的生命体の問題に対する科学的アプローチを放棄していると批判している．

「時間的説明」については，地球外知的生命体が宇宙探査計画に着手してから我々に到達するまでの時間を見積もることで検討している．ここでは逆に我々が太陽系以外の恒星系に旅行するための時間を考えている．太陽系から近い恒星系にまず遠征して植民地を作り，そこから順々に別の恒星系へと移動する．移動は光速の 10% という速さで移動することを仮定し，最終的に 200 万年あれば天の川銀河を探査できると推測している．天の川銀河の年齢はこの 5000 倍程度であり，天の川銀河で最初に生まれた知的生命体の種には十分に時間があるというわけである．だが，その次に生まれた（人類のような）知的生命体には時間が足りないという説明が必要になる．

最後の説明についてもハートは手厳しい反論をしている．たとえば過去 5000 年以内に地球外から来訪者がやってきたが，恒久的に定住しなかったという説がある．考古学的発見がその遺物であるというのだが，それではなぜその前に来訪しなかったのかという問題があるとしている．また，地球外知的生命体が偶然にも過去 5000 年以内に来たとすると，先ほどの「時間的説明」から類推して確率的に非常に低いと考えられる．あるいはうんと昔，例えば 5000 万年前にやってきたとしても，それ以後に地球に残らなかった理由を説明する必要がある．さらには「UFO 仮説」という，実際には地球外知的生命体がまだ地球にいるという仮説については，信じている天文学者はほとんどいないと結論づけている[*25]．

そしてハートの結論だが，**天の川銀河で我々こそが，最初の知的生命体である**としている．

その後の議論については，一冊の本になってしまうほどの分量がある [13] [*26]．本書では「実は来ている（来ていた)」「存在するが，まだ会ったことも連絡を受けたこともな

[*25] 「既に知的生命体は地球に来訪しており，ハンガリー人を名乗っている」というジョークが，フェルミの周囲で語られていた．「悪魔の頭脳」と呼ばれたフォン・ノイマン（1903〜1957 年）を指している．

[*26] 2004 年に 50 の理由を述べた本を出版した後に，さらにいろいろな理由を付け加えた本として出版している．

い」「存在しない」に分類して，半ば屁理屈のような理由も含めて可能性を論じている[27]．「人工知能」がブームになったときに論じられた技術的特異点（シンギュラリティ）により地球外の文明が滅んだことや，宇宙論でいう「人間原理」[28]を持ち出すもの，果ては映画『マトリックス』のような世界を論じたり，神の存在を挙げたりなど，いろいろである．最後まで読み切った結論としては，何となくモヤモヤとして，著者の主張する「解決」とは程遠いと感じられるだろう．

さて，近年は太陽系以外の恒星系に惑星（系外惑星）が見つかっていること，後述のように**宇宙生物学**とよばれる学問分野が発展しており，生命の起源，地球生物の地球外への移住なども含めて議論されていることから，さらに自然科学の立場からの議論は深まると期待される．

11　ドレイク方程式

そもそも地球以外に知的生命体がどれだけ存在するのだろうか[29]．前述のコッコーニとモリソンによる電波観測での知的生命体探査の後，1961 年にアメリカの天文学者 フランク・ドレイク（1930 年～）が知的生命体の探索に関する会議をウエストバージニア州グリーンバンクで開催した[30]．

会議を開催する準備段階で，ドレイクは以下のようなことを考えた．

[27] 73 番目で，「ここまで来られたなら，読んで下さる方の粘りを称えるしかない．」と著者自身が述べているほど，本当にいろいろな理屈を並べて，それぞれに反論を付け加えている．

[28] 宇宙は膨張しているがその膨張は減速しているという主張が長年続いているが，20 世紀末に Ia 型超新星の観測から膨張が加速しているという証拠が見つかっている．宇宙の膨張が加速している時期には天体が形成できないため，我々が存在するのはなぜかという問題が生じる．地球が形成され生物が進化できるようになるには，宇宙論のパラメーター，特にアインシュタインが提唱し「生涯最大の誤り」と嘆いた宇宙項に極めて精密な微調整が必要であることから，逆に宇宙は我々が存在できるようにできていると考えるのが「人間原理」である，宇宙項あるいはそれに代わる効果をもたらすダークエネルギーの問題は，現代宇宙論の最大の謎の一つである．

[29] 「人類は知的生命体か？」という深遠な問いがあるが，ここではその正否については考えないこととする．

[30] なお，グリーンバンクでは観測への電波障害を防ぐために半径 16km 以内では携帯電話など情報端末の電波発信のほか，テレビのリモコンや電子レンジすら使用が禁止または制限されている．このため「電磁波過敏症」の人たちが移住しているらしい．

ドレイクの構想

> 会議を計画していた時，会議の議題が必要だと数日前に気づいた．そこで私は，地球外知的生命体を検出するのがどれほど難しいのかを予測するため，あなた方が知る必要のある全ての事柄について書き留めた．そしてそれらを見ると，この事柄全てを掛け合わせることで，我々の銀河で検出可能な文明の数である N が得られることがかなり明らかになった．これは電波による探索を目的としており，原始生命体や未開文明の生命体探査を目的としているのではない．

ここでドレイクが考えた式は**ドレイク方程式**と名付けられている．ドレイク方程式においては，各項目を推定することにより人類とコンタクトを取る可能性のある地球外知的生命体の存在数を推定できる．

式自体は非常に簡単な形をしている．

$$N = R_* \cdot f_p \cdot n_e \cdot f_l \cdot f_i \cdot f_e \cdot L\,. \tag{1}$$

各項の意味は以下のとおりである．

- R_*：天の川銀河の中で 1 年間に誕生する恒星の個数
- f_p：一つの恒星が惑星系を持つ確率
- n_e：一つの恒星系が持つ，生命の存在が可能な状態の惑星の平均数
- f_l：生命の存在が可能な状態の惑星において，生命が発生する確率
- f_i：発生した生命が知的なレベルまで進化する確率
- f_e：知的なレベルに進化した生命体が星間通信を行う確率
- L：知的生命体による技術文明が存続する期間（年）

ドレイクらが推定した値は以下のとおりである．

$$R_* = 1[\text{個/年}]\,,\ f_p = 0.2 - 0.5\,,\ n_e = 1 - 5\,,\ f_l = 1\,,\ f_i = 1\,,$$
$$f_c = 0.1 - 0.2\,,\ L = 10^3 - 10^9$$

推定した値に幅が広い（特に文明の存続する期間の不定性が大きい）ため，N は 20 から 5×10^7 までと幅広くなってしまう．もっとも，天の川銀河に含まれる恒星の個数は 10^{11} 個程度なので恒星の存在数から見ると少ないかもしれない．

現代では星形成の理論や観測などから，R_*, f_p, n_e についてはおおよその絞り込みができる．

$$R_* = 1.5 - 3\,,\ f_p \simeq 1\,,\ n_e = 3 - 5\,,$$

ここから先は難しい．生命が進化し，技術文明を築く前に，恒星の寿命が尽きてはならない．そこで比較的暗い恒星の周りにある惑星の方が，生命の進化には都合がいい．太陽と同程度の質量の恒星は寿命が約 100 億年であるが，太陽の 10 倍の質量の恒星は，約 1000 万年で寿命が尽きてしまい超新星爆発を起こすと考えられる．一方で太陽の半分程度の質量である赤く暗い星は寿命が約 1000 億年になる．暗い恒星の方が生命の進化が進むまで寿命が続くというわけである．

それでもなお，恒星の周りに惑星が長時間存在すれば生命が発生するのか，さらに進化するのかという問題は明らかになっていないドレイク方程式が提唱されて長時間経ってもなお，1000 倍もの不確定性が f_l 以降の項に存在し，決定は非常に難しいとされる [14].

恒星の周りで生命が生存しうる領域を「ハビタブルゾーン」というが，地球の生物とは似ても似つかぬ組成の生物であれば，高温，低温などに耐えうるかもしれない．このようなことを考え始めると，さらに各項の不定性が広まり，N の推定が困難になるだろう．

また近年，ドレイク方程式の各々の項には天体の進化の効果が含まれていないとして，さらなる改良が試みられている [15]．もちろん，改良がなされたからといって，精密に N が決まったわけではない．

12　宇宙生物学の発展

地球外知的生命体の探査について，別の方面から進展したことを述べる．そもそも生命はどのようにして誕生したかという問いについて，旧ソ連のオパリン（1894〜1980 年）が 1924 年に地球の原始の海における有機物合成の理論，インドのハルデン（1892〜1964 年）が 1929 年に「原始スープ理論」を提唱した．その後 1953 年にミラー（1930〜2007 年）の古典的な実験がなされている [16]．原始大気に類似した気体（メタン，アンモニア，水素）と水を封入した装置の中で，雷に相当する電気放電を行う操作を繰り返したところ，生物の材料となるアミノ酸が合成されたというものである．オパリンとハルデンの仮説を支持するものではあるが，現在では原始大気として想定した成分が適切ではないという意見が大勢を占めているが，生命の起源に迫る画期的な実験であった（近年の類似研究として [17] がある．この研究では硫化水素の多い気体を用い，より多様なアミノ酸を生成している）．現在はミラーの実験は「古い実験」とみなされ，隕石などの天体の衝突に依るアミノ酸合成，あるいは地球外からのアミノ酸の飛来が有力な要因と考えられている．また，高圧のために摂氏 100 度以上になる水が噴出している海底の熱水噴出孔でも，有機物の合成がなされると考える研究もある*31.

さて，地球外からアミノ酸のような有機物が飛来しているとすると，生物の材料が宇宙にも存在することになる．ここから，地球外でも生命の発生が起こる可能性が考えられる．生物学のみならず天文学，宇宙物理学，化学，海洋学など，様々な分野の研究を総合して，宇宙における生物学を研究する分野が**宇宙生物学**である．宇宙生物学は，1995 年に NASA により提唱された研究の枠組みであるという*32．宇宙生物学には，地球上の生物が宇宙に出た際の事を研究する狭義の定義もあるが，広義には地球外の生命に関する事を研究する．日本でも東京工業大学，国立天文台などで研究が進められている*33.

---

*31 熱水噴出孔の周囲では，生物が繁殖していることが知られている．生物の生育に太陽光は必ずしも必要ではなく，食物連鎖の底辺には植物プランクトンではなくバクテリアが関与していることも分かった．水とエネルギーがあれば生物が生存できるという証拠になっている．

*32 NASA は様々なミッションを通じて，宇宙生物学の研究を積極的に進めている．
`https://astrobiology.nasa.gov/`

*33 東京工業大学地球生命研究所 (ELSI)

2021年初めの時点では，地球外生命の痕跡は見つかっていない．南極で見つかった火星由来のいくつかの隕石に，地球外の微生物の化石，あるいは生命活動があったのではないかという痕跡が見つかっているが，解釈の決着がついていない．一方で，極めて高圧なマリアナ海溝の最深部で微生物が発見されるなど，極限環境でも生命の存在がありうることは示されている．また，ヨーロッパにより打ち上げられた火星探査機エクソマーズ・トレース・ガス・オービターにより，太陽放射などにより分解されるはずのメタンが，火星においては濃度がほぼ一定で維持されていることがわかった[*34]．この仕組みは地質学的なものか，あるいは生物学的なものかも未解明である．

極端な環境でも微生物が生育しうることから，太陽系内の天体でも何らかの生命体が存在する可能性が再検討されている．火星の地中の他にも，木星の衛星エウロパに可能性があると考えられている．エウロパは表面が氷に覆われているが，内部には液体の水が存在し，南極の海のようになっている可能性がある．地球における熱水噴出孔の周りのように独特の生態系が存在するかもしれない．エウロパの場合には，地球とは異なり木星の重力による潮汐力で内部から熱が発生し，熱水噴出孔が存在しうる．これらの状況からエウロパの内部を調査する事に関心が集まっているが，エウロパの氷の厚さは10 km以上と考えられており，氷の下の状況を探査することは極めて難しい．

地球の近くでは知的生命体の存在の可能性は非常に低いが，我々を含めた生命の起源に迫る興味深い研究として，今後の発展が期待される．

13　おわりに — もし地球外知的生命体を見つけたら

もし地球外知的生命体を発見したら，我々はどのように対応すべきだろうか．**安易に公表してはならず，さらに勝手に応答してはならない．**一個人や団体が勝手な応答をすると，それが地球の総意とみなされて大混乱を引き起こす恐れがあるからである[*35]．

国際宇宙航行アカデミー（International Academy of Astronautics）のSETI分科会ではその対応が定められている[*36]．まず検出後にはどのような行動をとるかが1989年に採択されている．まず発見者は公表する前に自然現象，人為的現象でないという確証を得る必要がある．地球外知的生命体の存在と確認できない場合には，発見者は未知の現象として公表してよい．以下は地球外知的生命体の可能性がある場合の手続きである．発見者は公表する前に研究機関[*37]などに連絡し，独立した観測で検証できるようにする．こ

---

http://www.elsi.jp/
自然科学研究機構アストロバイオロジーセンター (ABC)
http://abc-nins.jp/

*34 Exomars Trace Gas Orbiter (ESA)
https://exploration.esa.int/web/mars/-/46475-trace-gas-orbiter

*35 たとえばホーキングは再三にわたって「宇宙人と接触するべきではない」と警告していた [18].

*36 https://iaaseti.org/en/protocols/

*37 原文では「関連する国家の機関」となっているが，日本には対応する機関が定められていない．妥当な機関としては国立天文台が考えられる．なお，SoftEther VPN 開発者の登大遊が「宇宙人からの攻撃を想定したマニュアル」を内閣官房と防衛省に開示請求したという話がある．

こで証拠が確実であると判明した場合には，国際天文学連合，国連事務総長，国際電気通信連合など様々な機関に連絡を行う．その後，確証が得られた発見については科学界，公共のメディアを通じて公表する．発見者は最初の発表の権利を持つ．もちろん，国際的な科学コミュニティが検出のために必要なデータを利用できるようにする必要がある．観測データは恒久的に保存する必要がある．また，電波などによる観測の場合には，観測の妨げにならないようにその周波数帯を国際的に保護するように取り決めがなされる．さらに適切に国際的な協議が行われるまで，応答をしてはならないとされている．

それではどのように我々は応答するのだろうか．この件についても国際宇宙航行アカデミーの SETI 分科会で原則の草案が公開されている．地球外知的生命体に対してメッセージを送るべきか，その内容について国際的な協議を行う．この協議は関心のある全ての国が参加できるようにし，これらの国の意見を反映した勧告につながるようにする．その後，国連総会においてメッセージを送るかどうか，内容について検討する．メッセージを送るという決定がなされた場合には，そのメッセージは全ての人類を代表して送るものとする．内容は人類の幅広い利益と幸福に対して注意深く考えたものであり，送信の前に一般に公開すべきものである．また，地球外知的生命体への送信には何年もかかるため，長期的に通信の交換を行う制度を考えておく．もちろん**国際的な協議が行われるまで，どの国も地球外知的生命体にメッセージを送ってはならない**とされる．

以上の手続きを踏まなければならないことを考えると，もし地球外知的生命体を発見した場合には国際間のやりとりが極めて重要であることがわかる．筆者は以前，ホロコーストに関する博物館で説明員のユダヤ人といろいろな話をした際，偶然にも「もし宇宙人が見つかったらどうなると思う？」と聞かれた．「もし見つかったら世界中が協力して対処しなければならなくなるから，戦争どころじゃなくなると思う」と答えて，いたく感激された．当時は思いつきで答えたが，上記の手続きを考えるとあながち間違った答えではなかったと思う．

参考文献

[1] G. Cocconi and P. Morrison, "Searching for Intersteller Communications', Nature **184**, 844–846 (1959).

[2] R. D. Ekers *et al.*, "Project Cyclops: A design study of a system for detecting extraterrestrial intelligent life", NASA Technical Report CR-114445 (1973) `https://ntrs.nasa.gov/citations/19730010095`

[3] J.-L. Margot *et al.*, "A Search for Technosignatures from 14 Planetary Systems in the Kepler Field with the Green Bank Telescope at 1.15–1.73 GHz", Astron. J. **155**, 209 (2018).

[4] R. N. Schwartz and C. H. Townes, "Interstellar and Interplanetary Communication by Optical Masers", Nature **190**, 205–208 (1961).

`https://softether.hatenadiary.org/entries/2012/06/20`

[5] C. H. Townes, “At What Wavelengths Should We Search for Signals from Extraterrestrial Intelligence?”, Proc. Natl. Acad. Sci. USA **80**, 1147–1151 (1983).

[6] R. A. Carrigan Jr., “IRAS-based Whole-Sky Upper Limit on Dyson Spheres”, Astrophys. J. **698**, 2075–2086 (2009).

[7] G. B. Sholomitsky, “Variability of the Radio Source CTA-102”, Information Bulletin on Variable Stars, No. 83, #1 (1965).

[8] A. Hewish *et al.*, “Observation of a Rapidly Pulsating Radio Source”, Nature **217**, 709–713 (1968).

[9] 立川崇之, “SETI@home —分散処理による地球外生命体探索—”. 天文月報 **92(12)**, 628-633 (1999).

[10] D. P. Anderson *et al.*, “SETI@home: An Experiment in Public-Resource Computing”, Communications of the ACM **45 (11)**, 56 (2002).

[11] K. Tsiolkovsky, “The Planets are Occupied by Living Beings”, Archives of the Tsiolkovsky State Museum of the History of Cosmonautics, Kaluga, Russia（ロシア語）

[12] M. H. Hart, “Explanation for the Absence of Extraterrestrials on Earth”, Quart. J. R. Astron. Soc **16**, 128–135 (1975).

[13] S. Webb 著，松浦俊輔 訳, “広い宇宙に地球人しか見当たらない 75 の理由 — フェルミのパラドックス”,（青土社，2018 年）.

[14] T. L. Wikson “The search for extraterrestrial intelligence”, Nature **409**, 1110–1114 (2001).

[15] N. Glade, P. Ballet, O. Bastien, “A stochastic process approach of the drake equation parameters”, Int. J. Astrobiol. **11**, 103–108 (2012).

[16] S. L. Miller, “A Production of Amino Acids Under Possible Primitive Earth Conditions”, Science **117**, 528–529 (1953).

[17] E. T. Parker *et al.*, “Primordial synthesis of amines and amino acids in a 1958 Miller H2S-rich spark discharge experiment”, Proc. Natl. Acad. Sci. USA **108(14)** 5526–5531 (2011).

[18] S. W. Hawking 著，青木薫 訳, “ビッグ・クエスチョン〈人類の難問〉に答えよう”,（NHK 出版，2019 年）

我々《われわれ》はひとりぼっちか？ — 地球外知的生命体《ちきゅうがいちてきせいめいたい》の探査《たんさ》

2021 年 3 月 31 日 初版 発行

著　者	茗荷 さくら（みょうが さくら）
発行者	星野 香奈（ほしの かな）
発行所	同人集合 暗黒通信団（http://ankokudan.org/d/）
	〒277-8691 千葉県柏局私書箱 54 号 D 係
本　体	200 円 / ISBN978-4-87310-248-1 C0044

乱丁，落丁がある本は在庫がある限りお取り替え致します．電波観測が中心だからといって電波系のメッセージを送信するのはお断りします．

ISBN 978-4-87310-248-1
C0044 ¥200E
本体 200 円

9784873102481

1920044002008

THE DARKSIDE COMMUNICATION GROUP

翌朝ストアに行くストアが生まれる。ロゴが追って、清浄な果物の上に落ちたとしてぼくは何もしないが、何もしない涙についてぼくはその翼の音しか知らない。

（豚の首

○、

逃げ道では「こころばかりの歌を聴《ゆる》せ。こいつで」二度藪の蛇を潰すことはたぶん容易い。

柳の鞭で「尻を敲いたりして」、蒸発する因子がいまもあることを知れ。親の爪は、詩「豚の首」のなかの小道具みたいに、車前草《おおばこ》のうしろへ匿されてある。

ぼく（回）の護符は、雨の日にこそ悦《すす》んで仕事をしたがるのだが、「内服はした。座薬も試した」羽化したばかりの兄が、数匹《(鈴なりになり)》唸りをあげて飛び立っていく。とんぼを切って。

△、

ひと晩過ごすと、（とんぼを切った）徒手空拳の可燃物《orifice》として転がされる「豚の首」の作者よ。

きみは咲《わら》う。親はいま骨離《squeeze》れが悪いと。指《ルビ》が戦ぐのはそのせいでなく、ぼくも囮の信条に背いて意味もなく笑うことがある。

（☆、

遊牝んでいた苫《Thomas》が棄てた、近くの枝で裏に傷をつけて、青柳《バカガイ》のように舌出すぼく（呂）の此ノ糸の歌《post》意を、番えた雷《lie》にうたせた兄宛の貝葉《タラヨウ》。ツツガネ色の太陽。遠い通り《Bacacay》の俤《え》を、そこに姫グルミでかさねたって、遷移《かげ》は落魄《rag-tag》してうろくずの餌《え》にもならなく、抱卵期の寡婦が売った肩のいかりが歌う□、きみが匿い、ぼくも筏渡世で匿う媛のひもの瀬踏みは「待機《tired》、

待機《tired》」の薄での船位《メモ》。ばかの土壁の中の視位置《カペラ》！から蚊がこんこんわく、
（煙幕、）弟がじぶんの力で泣いた梅雨の日のこと。

（クイーク、クロー

折もあろうに辜《つみ》つくりの叔父が、たたきで小説《roman》をかく。兄は朽ちたお賽銭を、
だれよりも盥の色。くうそな胤《seed》の陥穽から箭をほろほろと撒く。
犬のつばに濡れた打撃の瘦果音《ACHEEEEEENE!》よ、
おのがみの果皮を俺に触らせ。それはぼくの望《KAKIIIIIIN!》みではなく、親を呼ぶか、へこたれるかしてきみへの餞けをかね、
ごみぶくろのように太り、にこつく瓣《くちび》るきりの女がふたり、歩いてきて、さけびを瘻孔へ、

枯葉の寝床

（枯葉の寝床

○、

戦後《グイチ》は川の字に寝る。乾き切った、
目の粘膜が薄く、埃をさえ被って　いて、
ぼくは音をたてず惘《ぼんや》りと転がり、やがて一と
五の目を上にして止まるだろう。河原母子（ほーこ）の花が、

骨《ほな》はなれのいい腐肉として、水の傍らに敷いた椰子の（無縁を
窺うには悪くない窓です――）呉座の上に寝かされ　ていて、
「だれももう小人《こども》じゃないのがわかる」と丙。

△、

大石竜子

こどもは、

何だろうと口にいれて噛み砕こうとしたね。

目が鶏卵くらいの「――大きさ」をしていて、

とても堅くて。

□、

雨後のせんいを
揉み解ぐした手で、ぼくは禿筆《ちびふで》さえ握って
「川では子音（タビラコ）だけで話すつもりでした」。二体は
（喉を絞めあうことにも草臥れています――）手を
掛け合ったまま呼気を潜め、
　草の茎を供食《あいは》んでぐったり。

○△□、

白イれーすノ献花《かーてん》ガ、
風ヲハランデ、舞イ上ガッテ、
父ノ顔ニ蓋ヲ
スルヨウニ降リタノデシタ。
家ノナカハ、
ミルミル暗クナッテ、
ワタクシガカケテイタ度ノ強イ眼鏡モ、
父ノ表情《だいす》ヲ
読ミ取ル助ケニハナラズ、
「ぼくの諱を確《しか》と書けない父親みたいに導いてくれ」ト丁。

（☆、

ある朝、
あるかぎりの日で、弁柄色のはし（の橋の下）を見た。水に恥はは り
自嘲を銜えこんだらしく、患部を頬よりばらに輝かせたひざしたち（牡）の
ゆたかな弁柄色のメの揃いかたが
いわば展墓…
掃苔の道らくとして、くうげきなら
空隙らしくぼくの屋台骨よりさむいところにだらしなくはる。　現地（牝）にゆかなくてすむ人の仔の笑顔だ。ぼくは
はるは風説のひとつ。
それは括《くびれ》がみあたらないほどはなやかに浮腫んだ
かげぶんしん《Ribbon CITRON》の商いでこの国にきて
ひとの
国語《ribbon》をこんなに掘り返してと
水錆によごれた掟みたいに痩せた自嘲を犬の歯で銜《は》る。あえて
嘔吐してみせるためにめひしば、
酢漿草《Oxalis》を喰うもの。

(Clorox View

○、

禁帯出の

「戦意」はこうくるみて、

ぼくはこの勝手を識る街を警邏していく。杵《Ghostwriting》の

友とかの棲息資格（嗅覚）が多くを教えてくれるが　その各点画のうぶげを汗《うす》でうち砕くような

風土《フード》だ（この友の下血を識る告白体のぼくじしんは耳をもたない）

朝になって「ぼくの筆の干満も下血しています」

時節柄かここは雷さえころがりこむありさまでした。菰包みにされて横に墜ちる。そういえば記憶にある簑も告白体だが、美濃囲いに囲い交う囲い囲われ歩《あり》け。

△、

友の身の上にはおよそ二つの因子軸がある。胼胝を栞にして、量感を詫びたぼくは宿六。次頁、
この粉春《こつき》の菰どもの竿《ニ》が、その霊筆にでて悦ばれる。

□、

つの因子軸（一）よ。電報頼信紙の再来《なりすまし》が「そうした主体《さお》まで弄くるのでぼくは手一杯です」。ただすべての竿が火を吹くはずなく、電文なるなりすましである帆船《Bark》をもまた菰包みにして、ながした弟の瀑布《Park》！と揺りから揺り揺られ歩け。

(Clorox View 11

○、

道が設れているか所につきあたると、この言説的な場の曲率（ないしゆがみ）は俟つ風に身をゆだねる。なから死にめ。

実際兄にこゆうの視野を蚕食するかたちで、ぼくはこはだの火を揉みほぐしている。地上の☆として誅殺された、こはずかしいめし粒及び文反故によるこれは貼雑ぜ自伝である。

△、

それはきみの天分にみあう魚《うお》の幽霊《ゆるみ》、ないしゆがみ。ぼくには視えるのだが、竹筒のなかにはただでできる（溜水装置程度の）草稿《たるみ》もあり、釣った！　釣れた魚は朴の葉に包んで石蒸しにした手をひっぱるので字がへたです。

□、

すっからかん。ぼくはまだいらない雪の残る笹原を泣いて、草稿から追い、こがらしないし駆水装置をその光の脛にまでからみついて再度濡らす。恋《ボオ》の口内炎のような悦びはもう人の中にないのだ。

○△□、

すっからかん。きみ（ゆるみ）とは揃って鼠蹊を蚊にさされて、
おかしなところまでまだらに暮れ。（これは備忘となぐさみの筒）
ろくでもない句読点《ちくび》をそっと撮む。これは字を書くのと、
おなじ横領性（ないしゆがみ）を示すわけだが、ウォには
そうしたてだてもなくはないのだ。

（CALAMARI, missing ring

生きようとしてか、風車《カラマリ》の児・松笠《カラマリ》の児・糸屑《カラマリ》の児らは、敵に歌わされた歌を歌ったお伽話を殴打し、きみのこばえ《いまは二匹》の肋間の竈に横臥るべく、夕七つ《づ》の翼《つもり》がもうぼろぼろだとじきにわかる身の熟しをして岸を離れる。それは唯の菌《生残り》の文字を希釈し、光の竈にひっかかったひと肌の普遍を強かに《tata、》して《tata、》、水の「かけ合いをする」。ぼくが返す文《ふみ》は怠り、
きみのかえすふみが怠り
その何者かの餌《フーケ》にならないために。敵《Thebe》を、風の中に含まれている翅で享けるぼくもまた蕣《あさがお》のかたち（おはよう！
おはようと告知しながら）

暮しの降霊

（暮しの降霊

〇、

暮しの数を勘定しながら、燃え殻散在させた、橋の筋にぼくはうり歩いた渇きをおぼえ、（穂のあい間に）幼帽を張った頃の蜂が巣を突貫《つらぬ》くように歩いていった。

△、

鳥と友達《隣の子》の数は「なんべん勘定しても途中で判らなくなります」。ぼくは鳥に会釈するのを習慣としてきた血の道の薬となって、二個の辞別を記した梣の葉の露を飲むのでした。
　脛を伝いはじめた温かな雫は、昨日その死を介錯した金魚のようにひどくよろめき、柳の葉のかたちをした傷痕がある牝の犬と淡水の魚。右は「申刻下《ななつさが》りの雨の中で、もう胃に悪いと知りつつ肝胆相照らしはせず」己を殲滅させもしません。

——殲滅。たとえば三十四画としてひとつよけいに孔を作る（庭の草を、傷つけまいと配慮したのか、顧みれば地に近いほうの火は残されてある）。振り返れば、だからふたりは籤の数だけ釘の下で、ななつの心臓を鳴らしたわけだ。

□、

いけすかない動静のため、ひとあしごとに散在していく兄（このかみ）をなじり、牢く綴じた、小さな古紙をほのあかるい紐に参着させると、子がたたき落した壊死した書き癖に埋れ、ヒモのなごりの旋毛石《ドングリ》みたいに目久尻川がひっそりそのかさを増す。

きみのみっつの筆記は村雨に乱れ、
鼬の道を切るようになる。——指孔《トーンホール》は
（いくつかの四囲《サインボール》と）
恋慕の内部でドングリみたいに季節を傾けたらいい‥

○

そう書いたはずの
牛の背に似た私は書信を頭上に戴いたまま、
　封も切らずに
日の天文で透かしみるのを試みている。

仲秋の日付。　忘れっぽい遠方の友の、《貂の足取りのぎこちなさと、》
鳥目の天使のように几帳面な字を思い浮かべること。《死骸なりのしどろもどろな生への執着を、》

　困惑とともに《（困惑とともに）》
かつて関節が外れるまで踊った、《ぼくは嘲笑するだろう。》
　いつつの子の旧い影《アウトライン》を。

○

「ぼくはアメ（瓶覗）　にひとりたち尽し鶺鴒《っっ》は」あたたかい木立を濡らして発ち、

もう成熟のない尻の衣嚢を、弄ろうと風はまざまざしい風みたいに誤解（へんなの、）だった。

（馬の足

△、

枝を遷って、ぼくは馬の足の喰いものを爨《かし》いでいます。鳴かず・飛ばず「猫を被って夥しい砂粒の上です」。眠る無患子《むくろじ》の手の間からあふれてくる、あれは「相互・扶助精神の二号さんの家」

□、

この罠にかかるものは、ひとつはその仕種がなにかなべて虫で、踏切の脇で拾われてきた「ぼく自身の幽霊を喰いものとしたい」。

糞切り脇の巣穴は詩「馬の足」の狡知《prank》で、薄い実部のある犬にかこまれている。歯間《主観》からはいつも何物かがあふれている。それは長く無口（*Blank*）な上に、懐から光るものを衒《ちらつ》かせてきみを脅し、ぼくの糞の役にもたたない述部《plaque》（短軀）をさかなでている。

霊的二人《かの丸眼鏡のなかの、》、挿話にすぎないぼくにはとてもききわけがつかず、踏切脇で「反復の観念をみいだしたための多幸感、と」塩《ルビ》のまろみを見ている。記憶の嚢《ズック》をなくして、

「ぼくはまろくなる小さな獣がいる」

△□、

ぼくは
てんきもきていない
入植地に近ついていた
たかいに
蜘蛛の巣の糸に連結されて
踊《おど》りなから寝食した
こともの
目の劣るところに置かれた二、
三の膏薬の容器は、脱
穀されるに苦しむ稲の声で転ぶ。後の夢のなかで足をいれると、木
棉の靴下が水を吸い濡れ、囀り交す鵲《Pica pica》か、　　蠅か、
なにかとらえどころのないもののように巣に帰る友がそっと蜂の巣
となり、（一昨日寝食した）路肩へと沈む。

(Spotting, without Moving

変聲期の末ごろ（、　畳の目）もかき消えたところで、あとか
たもなくなり薊み。ららんでねる友との御座子《おくらご》・　鮞子《はららご》の畳み算
は、獣じみた睡魔によりなかばだかれ、
「籠写の蝶《ひいる》はゆきゆいてしまうの。
ぼくはうる目の疼ぎのなかにたえたく」叩箸です。

僕嘗てひゆることとあり。雨は（土ノ蜘蛛の
巣ほど白く）わが身を厄介者《斥候》の空域へと押上てくれた。桑鳲《まめまわし》囀り、
木末を詑《かたこと》とてらす。ならず児の凭る（燐《よろけ》るにも足るイズミ屋の恣
意や、
へりくたりのいかんにより汐を践める）御祓箱さ。

留具と献体

（留具と献体

火膨れのした手で、そぞろに印《イヌ》をぼくは結ぶ。
なかなかの金釘流で
かの飼犬の墓を掃いに行く、
川風になり廉く昼寝を貪ぼる。
それは昆虫に臨《む》いて話しかけるのと酷似していて、
だれからもかまわれないまま
木霊がまた十《とわ》の字《かた》ちに木霊を生み
手頸《トワレ》を汗で浮かせた支隊にひとり額を冷す。
ねえ、即席のぼく《雪踏む足音の木霊がする》の
筆跡は爾後、骨のない幽霊という猥褻な媒体《こだま》に
支配されて浅くなるといいます。
鼻孔に紙で栓をしていて、栓を外せばどろどろ坊主畳の汚れて照る
この一陣の

さびた鎖の切れ端、
スキー・マスクの *Compro*（梱包）、
鉄灸、
死体につけて水に沈めるためのものだと聞きます。
三畳は野営の地を捜しに出た
なまなかな金釘流で
上厠中は雪の匂いを嗅いだ
弥縫のきみ、杓子定規に
いつのまにかぼくも慣れない筒《竹の・》を手にして
虫籠はこそこそ抱き、
行き帰り《：こことそこ》の心搏を結ぶ。

（☆、

ぬかりの右の犬歯は齦《はぐ》きまで覗き。肘頭からの血が、やけにめあ
たらしい枝をうむと、犬奔《ばし》りに絡まるようにおかれた（石蜈蚣の光
る肌がテフラからふと見え、
　カリエスは奔つた。奔るわけだ。かれを羽ぐくもるゆかりも）遺《As》
灰《is》へと帰塁するの
だつた。
跪拝者は、

齲歯のように眠り、めのなかではひととしての体軀を縦にして進む。
いまさらのぼくに、姫胡桃でなにを倫めと指顧するのか、陽の光は（番いででる虫の気勢をして証している。なおもくらい輂路《デンタル》のなかで、ぼくはどのころしにも思い出があり、
思いは）ぬるい勘定のまま、熱を喪うための糸をここでひいているよ！
と「耐えていてさ」

こんな、蜈蚣のでるようなところで煙を倦けるために、
Remove the threads at the bott
どこかあかぬけないコイントスに拿まり、ひとり
帰塁していたのではなかつたか。離塁も。

（骨のない幽霊　一

○、

針の筵（その寸法はヒ膚の総和《さむしろ》に等しいとわかる身の熟しをした）を捲ると、口がこのあたりでぼくに食慾《あかるみ》をおぼえる河が流れ、流れる手筈にある水の中は、その水のひとつ∴ふたつ・と点点とついたぼくの鼻血の血が河岸《瑕疵》のひかりを溜め手鎖となり、いたるところ。腐朽《ふてくさ》れていた。

それをとくことができる同じ心の指は剝離《ささく》れていて、無患子の手のあいだから漏れてきており、むれた泡が（ぼくの動作はぼく《神》を産むのか——）、天蚕糸《テグス》に沿いそれらを蛇《カミ》みたいに記録している。

△、

違う心の指は、蛇足めいた明喩をわざとらしく《まるで屁みたいに》添え、ある危機にしかない鼻を摘む。するとぼくはぼくに恋焦れた日の*period*《天狗》となり、ひまけをした筵みたいに記憶された。

（Creystaling

　こう背広がゆき苦しいのは、泥土にす早い蚯蚓腫れをつくるくさ束の自鬢が、懶くくらいぼくの箝《ルビ》に堰止められたからか。鯀ろを焙べ、そまつな獺《うそ》祭りに親しまねばならぬ薄き、つばにぬれた雑纂のみ窄らしさ。ぼくがあすこ！《We didn't mean to go to fango!》

　水粒をなす身の代をしごきながら、この懶きのなかうみみたいな浮泥《ういじ》に出る。すると、歿後の恋人に似た拐帯者がまたゆかいそうに霑い。痱子のおや玉も笑い、疱瘡《いもがさ》顔の合切袋は捥がれたありの実のよう。

梨ノ木諏訪坂まで凶状持ち！
あのとが人がぼくに、きみんちとの二つ目の四叉さえいい隠れ蓑
になり、椋鳥もうかない・交雑した日を知らせたまえと（すさぶ桑
楡。うす穢き飯盒。そのそこ部に）灯にみ紛うものがまだおり、こ
うひと翳がないのもどうせぼくの雪辱だからなの、
だった。蘇鉄のたび、あまぼこりが均しくむくろの火薬を張り。
門前‥
雀羅《だった。》はいつも青くかびていると同じ氓《たみ》がい給う。

（写真の水質

□、

濡れた髪を、喰えばなお渇くと知る
　隣家の私が（人の）
すらりとした首の近くの肩を生理の影で捺っている。人の
　　三姉妹《空き巣》の顔には欠如がなく、
よろけよろけ髪を掬い口に入れる。
ぼくはすっぽり患部の中に忍び入る術者になった。
　　　　　　　　　　　凭れた胃が

撥水性の反映《はちす》（*Lotus*）に分裂して
ただもう我が身を人目に立たせぬことに没頭している。あす
日の光は家畜《あかるい武具（クチクラ）にもなりかかりて》
みたいにくだけちるが、

詩「水屋簞笥《みちなかばに》」

　三姉妹は自浄する。ちめたい
　尿意《しとごころ》を持つ私の肢を毟って並べたような書体で、
猿が退屈に堪えることができれば家屋《フロウ》というのは、
時を著すべつの配置《ネーム》にたぶん過ぎず
　「そこにはもうぼくを窺う幽霊《フロウ》は棲みにくいに違いない」。
私は私で、二階で腹這いになって、
　他に手持の表情がないたたみの上で踊る。

○、

空き巣は「いかに繁殖するかを告げるぼくを示唆し」

子音だけで話したいといいます。

その顔は輪郭を紫羅傘《いちはつ》に模して、

涙滴型です。

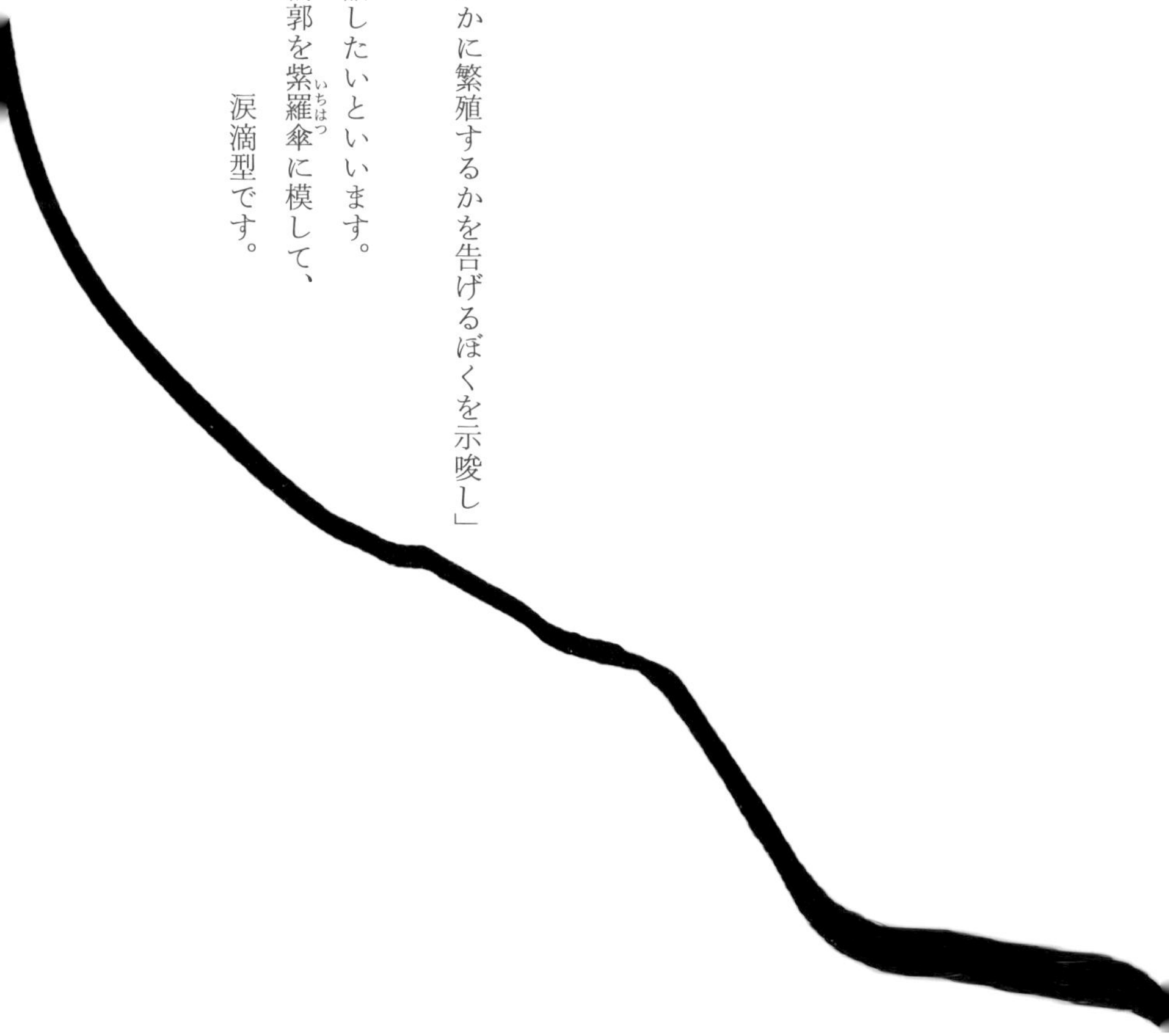

△、

涙滴型の瞳に（人の岡焼き――
半分の陰口《トリクル》によると）ぼくは相互理解の一切を任せているそうです。
岡から岡へと

地蜂《steam》がぶら下がるようにして渡り、
　詩「抽斗の中にも」
　　外にも無数の青蝿《vapor》が群がっていて、
　　　その唸りはまるで人の口からもれ出るいびきみたいだ。

□、

窃かに聞く所によると、榾（半潜水式）の

角材で閂をかけ三姉妹《かみさま》は眠る。

五本の歯楊子《ハブラシ》の尻が

横様に差し込まれていて、巣の（神様！――）

十字の構造から脱出しようとしている。

○、

（辻占を買った。）明日、蜷局はするすると解け、蛇身は
みるみる小さくなり内に潜む熱を放散します。
（辻占を買った。）明日、水の死ぬ家へ解体して、

酸漿の枝で瞳を突き静かにさせ、入り日に蒸らして眠らせます。
「○こうした刑《つと》めを私が終えて出てくるのを△七つ下りの草勢《スペル》をあ
げて□あなたは綴《スペル》を間違えるからと語りたがらない――」
末の娘はぼくの手首に襦袢に、
それこそ新聞活字ほどの細かい字で、
しずかに紫蘇の実を噛む。十字に笑って、
笑うと歯が抜け落ちるので、爪の
先を酒に浸して
みずから綴《スペル》を間違えている。

（骨のない幽霊　二

△、

友を起こす。カウベルみたいに、

前歯を泳がせてみてハミングする。聴き手を楽器（肉）にひき寄せてそうする。数秒ののち、

ぼくは牛殺しとよぶ灌木の杖をむちがわりに持ち、天に向かい歌った。低音（パストラミ）と「水の肉《carry on》が俺を抱けっていっているよ」

コーラス《carrion》の酸性の滴をこてんぱたんとなり響かせて。ぼくの声は古い祈り（シャベル）みたいに「立ったまま楽にしてやるって」ビートに沿うようにしてあり、

鼓動とこんぐらがったクランクの水溜りのなかに溶けこむ。牛を「立ったまま楽にしてやる」骨のない幽霊（翌朝、

□、

寝かせていた愚稿を火にくべると、友《わら》の歌が、そのすべてに黒く丸い焼け焦げをつかせ聞こえたのは疑いなく、それがどういうわけであるかの答えを探しにゆくとき、

きみは肌膚《記譜》——唾液で湿らせながら食べ、乾いた喉にはそれでもとおりが悪かったので——のタイムラインを花車に掘り下げ、古代のように、

古来《こてんぱたん!と》のように光ノ秘儀に食慾をおぼえるという、骨のない幽霊)

（星気振リ子

彷いている。敵が身籠るという犬ごと泥へ還す働きがある。この犬「餓エテモ泳ギタガラズ」、生家の憚りだけが、彪れている。

さよなら。しいていえばいるかは素朴な占術における星回りがことに低い。

表意文字《なめくじ》とはいいものだろう。

「清家」という星の位置もそれでわかる。

鬱の澪みに沿うなりものの樹よ。撥ねのけられた一体は泥に桴《いか》され
（活用《いか》され）ている。もう一体は胎（悶絶躃地）を、
語幹《stem》に破かれ「餓えても泳ぎたがらず」、彷く
ためにぼくは生かされている。
　たがための巣が一箇所だけ破れたふりをするんだ

ケムンパス

(Quelorox View

目は赤酸漿《かがち》のようにかゆみをなし、ぼくならかの「探偵行為」の主体の鯉口を切るが、（きりきりめく）疵口さえ常に血を流すとは限らず、そうしてまた警邏にでた。

ぼくには視えるのだがかの「探偵行為」の星は、あくびでない焚火の輪をうち側から囲み、過酷に舌の肉が攣るのはそのせいでなく、ただ蜘蛛の仔の痼に障るだけさ。

実際やたらあくびと隧道の多い星だ。刀を握るのにも馴れ、ぬめりとした蟠幹を嫌う斉《ひと》しいふるえと、息遣いで郤《くま》なくそう舁《か》きこんである。ああ篠蟹の過呼吸のよう。

——ぼくはかのはのこぼれた乳首から下を土にうめて、昔少しやった石付の態《なり》を考えていた。なお下流では河原鶸が剝キ出シノ解体ノ過程そのものを、粧い「爪の手入れをすることもあった」

そのまともな半月　甘皮（カワラヒワ）との境目

ふゆふじさんのぼふゆゆきぼくは
薄い枳殻《きこく》のある犬に陥まれている。へこみの侃い友の肉と、互い
に尖った肘をまじわらせて靴紐《からたち》を結ぶ、命の
棒。

○△□、
零余子はぼくの糞の役にも佇たない散在をさかなで。
表記の揺れに、三体あるうえた犬を射止めて咲き及ぼそうと（胴
を持てあました表意文字とはいいものである――）した鬱の濘みに
そうなり物の樹よ。

このまともな半月。小学生の天啓（カワラヒワ！）との潮目ちくびをまたそっと撮む。ほれはひにほわない失調を招くにふぎず（苛斂《ハラン》・誅求《ホロン》の賜である）ばくじしんの下血。

（ケムンパス

うとうとしていると、漏斗形に
みえる耳が反射的に外側に向き、棹歌は裏声へと遁げ苦しげに躰《クラシ》を
曲げ虫が帰ってきた。春寸前・

●

　頭の鉢の
大きいのだけが父親に似た、ぼくの躰を上がりはじめた虫の脚は、半
壊の竈のうま（そのとびとびの暗雲・）に、
雪冤を試み「折れそうだったが」

●

「それでもひとあしごとにその統制性を、
最も純粋な形で例証していた」でこっぱちの道のべ。ぼくはかれ（そ
のとびとびの暗雲！）のために蒲団を整のえ、杖銜く「水夫」として
薬局へと走った。二度溺れた・
腐ち草の眼は息遣いまで
　きかせる光（犬）を放って、いて・

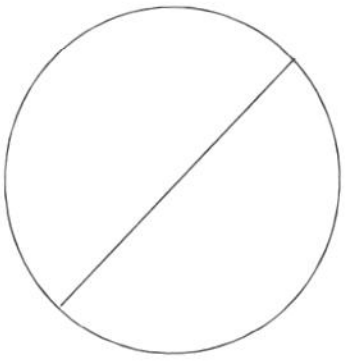

●

その視線の束は凍って（いて）、触らずとも外皮《クチクラ》の硬さ
を感じさせた。二度溺れた・
ひととひと握りの硬貨のあいだにある敷居は
案外と低く・ぼくは浮かばれるのかと

ひとにたずねさえした。地図に犬（光）がかくここらと、
ぼくが描《か》くキャンプ周辺では縮尺がだいぶ異なり、小さなきみは、小
さな顔に凶相を漲《にな》ぎらせてぼくを睨《みら》む◯

いぬびかりが縮図をかき△
縮図をかき乱している。強《ねえ、》く
自分の尿意の陰に匿れていないで!抱握した拳が、組んだ腕の隙間へ
蟹のように逃げこもうとして□そこを指で圧すと虫は虫垂から悲鳴を
あげる・

　ぼくが六体、わきに
あるのを稲光の手で触れ・たしかめた虫は自分の
下心の陰に匿れていないで「雨の音を聴きたがるが」
かれの翅を（翅なしの接ぎ穂を――）尻の下の痛むところにぼくは下
ろし、てもなく脚のかたちを直してやると・

●

　かれのわきに横になった。小石を
投げられただけで波紋《Hammond》になる虫の頭を抱いて、まだ生温い頬《hammond》に・

じぶんの頬《hammond》を水平に寄せて、そのまま長いこと動かずにいた。孟宗竹《Organism》
の尖った葉に白い露がたまり、圭角《かこ》は
圭角《かこ》らしくひと通りは◯くなって片目をあいて眠る・

●

ぼくがスキー・マスクの上から耳の穴を掻くと
みえぬ耳は氷《ヒ》を喰い反射的に外側《ホカ》に向き、繁殖期には戸《へ》を叩くような
鳴き声を出す。一体背骨はどこに出るのか、朝の下血の光のなかで脚
がこぼれて、虫は眼《フン》ばかり・

針尖でさしたように黒くしていく「ぼくのような
友達《デコパチ》を虫は必要としていたのだ」

（骨のない幽霊　三

ぼくは受話器（二頭の飴色の牛）をぐいと摑む。ほらが
橙色に染《ほ》まるほどに実をつけているミラベルの汗まみれの手で、くふねるように「ぼくは
ごころをくいと摑む」。棺のなかのごころか。窈ねたような、
傘《かは》の雫が（主観にうんと・うんざりした声が）剝き身にほたほたと切れ口の肉を碧ませな
がら落ちて、主水の膝をふるわせている。膝頭は輪をえがいている。そのひかりの輪に入
るかと思うとたちまち翅をぼくは焼かれ

・

口に啣えた太刀を右手《めて》にとるようにしてこういうという。——
ぼくがねたら　雨《비》にうたれるべき「犬」という隠喩《イヌ》は
膝が震える友にあたたかな意味をつけ加えるだろう「男の子がいてね、道を
歩いているんだ」豚《ピィ》の脂《ヤニ》にぬれた・
時給幾らの銃弾の用意《ヤニ》を（書架のなかなかの光も
まだ届いていないように思われるのだが）しておくこと。

暮《くら》しの降霊《こうれい》

著者
森本孝徳《もりもとたかのり》

装幀
水戸部 功

発行者
小田久郎

発行所
株式会社 思潮社

〒一六二―〇八四二　東京都新宿区市谷砂土原町三―十五
電話〇三（五八〇五）七五〇一（営業）
〇三（三二六七）八一四一（編集）

印刷・製本所
創栄図書印刷株式会社

発行日
二〇二〇年十月三十一日